南丫發電廠

南丫發電廠是全港第二大發電廠，主要使用煤及天然氣為發電燃料，另有作試驗性質的太陽能發電和風能發電。

南丫發電廠的電力主要透過地下電纜和海底電纜供應給香港島、南丫島及鴨脷洲，只有少量電力透過架空電纜供應。

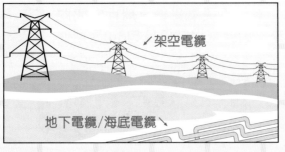

架空電纜

地下電纜/海底電纜

南丫風采發電站

南丫發電廠

南丫島

◀架空電纜的建造價較平，但易受惡劣天氣影響。

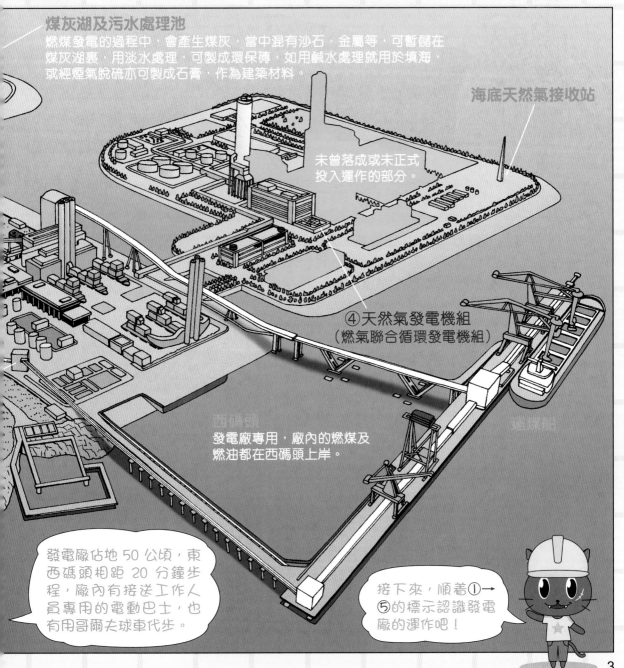

煤灰湖及污水處理池
燃煤發電的過程中，會產生煤灰，當中混有沙石、金屬等，可暫儲在煤灰湖裏，用淡水處理，可製成環保磚，如用鹹水處理就用於填海，或經煙氣脫硫亦可製成石膏，作為建築材料。

海底天然氣接收站

未曾落成或未正式投入運作的部分。

④天然氣發電機組
（燃氣聯合循環發電機組）

發電廠專用，廠內的燃煤及燃油都在西碼頭上岸。

發電廠佔地 50 公頃，東西碼頭相距 20 分鐘步程，廠內有接送工作人員專用的電動巴士，也有用哥爾夫球車代步。

接下來，順着①→⑤的標示認識發電廠的運作吧！

3

 # ①煤場

香港沒有開採煤礦，煤都是用煤船運來，主要來自印尼，其次是馬來西亞、非洲、俄羅斯等。

為甚麼要有煤場？

由於所有煤都依靠進口，若然受天氣影響、船期有問題等，可能數星期沒有煤運來，因此煤場常備足夠6-8星期使用的煤量，約55萬噸煤。

運煤船

抓斗▶

一艘運煤船能運來約7-9萬噸煤。

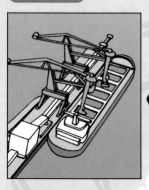

艙口比較寬大，便於用抓斗裝卸煤炭。

船艙設有良好的通風設備。

煤場為甚麼不可以加蓋？

如果煤場加蓋，煤塵粒子會在室內飄浮，當空氣中煤塵粒子的密度太高，一旦有火源，就容易引起粉塵爆炸。露天放置的話，可定時灑水使煤黏着。而預備在一星期內燃燒的煤，就會放在簷篷下避免灑水。

簷篷

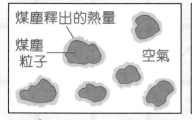

煤塵釋出的熱量

煤塵粒子

空氣

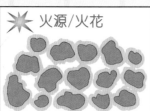

火源/火花

BOOM!!

NOTE!

其實煤用船運來時也有點濕，以減少煤塵粒子四處飛散。

發電廠對進口煤的大小也是有要求的！

空隙

▲因為船艙內的空間大小是固定的，如果煤粒太大，煤粒與煤粒之間的空隙較多，每艘船運來的煤較少，即是變貴了。

▲如果煤粒太小，雖然每艘船運來的煤較多，但煤粒也因為太輕，風一吹便四處飄揚，不好打理。

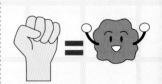

▲煤粒的標準大小大約是一個成人拳頭大小，當然無可避免有些煤碎。

4

為甚麼煤場放在如今的位置？

早期煤場曾□□□□□□□□□□□□近卸煤點，但風較大□□□□□□□□□□□□四周環境。如今的位□□□□□□□□□□□部分的風，使煤不易□□□

U0023193

煤場危機四伏！即使工作人員也不可以隨便進入煤場，萬一發生煤坍塌，被埋在裏面就不容易被發現了，所以進去之前必須報告人數和預計逗留時間。

1小時前，有3個人進入煤場，但只有2個人出來，要找人去看看！

登記冊

糟，迷路了！

我跟煤一樣顏色，他們找得到我嗎？

調控政策
供求關係
環保政策
其他
市場走勢
煤炭等級

哪些煤比較平？哪些煤比較貴？

影響煤價的因素很多，其中一項是煤炭等級，等級高低主要按2大特點來評定：①燃煤所釋放出的熱值 ②煤灰的質素

① 燃煤所釋放出的熱值

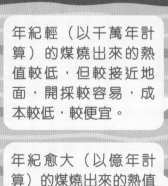

熱值低

年紀輕（以千萬年計算）的煤燒出來的熱值較低，但較接近地面，開採較容易，成本較低，較便宜。

年紀愈大（以億年計算）的煤燒出來的熱值愈高，但埋得更深，開採成本高，也較貴。

熱值高

② 煤灰的質素

煤由植物形成，但由哪種植物形成所燒出來的煤灰也不同。

來自印尼的煤，由熱帶植物形成，黏性較高，燃燒後黏在金屬壁上，須花更多錢去清理，清理成本高，這類煤的售價較低。

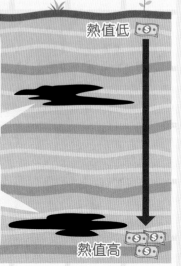

黏

不黏

山西煤乾爽，燃燒後輕飄飄，容易吸走，清理成本低，售價較高。

5

②四方塔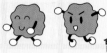

從運煤船上卸下來的煤，會用輸送帶運送到煤場或發電機。但途中並非直路一條，輸送帶也不轉彎，那麼是如何把煤運送到目的地？

輸送帶　四方塔

煤場　　　　　　　　　　西碼頭

卡住

輸送帶轉彎的話，煤有機會卡在轉彎位，使運輸效率下降。

四方塔是用來「轉彎」的！

輸送帶只行直線，向高處行。

所有輸送帶採用密封式設計，一來防止有煤從高處掉下來擲到途人，二來防止煤塵飛散。

直行輸送帶進入四方塔後，煤從高處掉到另一條直行輸送帶，改變了運送的方向。

煤那麼輕，雖不易被擲傷，但會變花瞼貓囉！

③燃煤發電機組 Photo by Typhoonchaser

南丫發電廠內有8台燃煤發電機組，當中有2台已退役，6台在運作，全部燃煤發電機組在設計上可採用煤或石油作燃料，避免依賴單一種燃料發電。但燃煤遠比燃油便宜，所以大都是燃煤發電。

高聳的煙囪有效幫助煙氣擴散，使污染物遠離地面民居。它也是南丫島的重要地標，人稱「三支香」。

煙囪

發電的過程

燃煤發電機組都是轉換動能至電能,結構和運作大致如下:

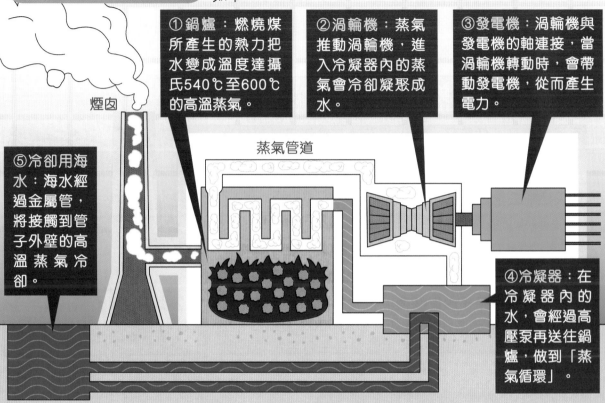

① 鍋爐:燃燒煤所產生的熱力把水變成溫度達攝氏540℃至600℃的高溫蒸氣。

② 渦輪機:蒸氣推動渦輪機,進入冷凝器內的蒸氣會冷卻凝聚成水。

③ 發電機:渦輪機與發電機的軸連接,當渦輪機轉動時,會帶動發電機,從而產生電力。

⑤ 冷卻用海水:海水經過金屬管,將接觸到管子外壁的高溫蒸氣冷卻。

煙肉

蒸氣管道

④ 冷凝器:在冷凝器內的水,會經過高壓泵再送往鍋爐,做到「蒸氣循環」。

環境保護措施

燃煤發電機組都備有減低排放溫室氣體和污染物的裝置,以改善空氣污染。

① 煙氣脫硫裝置

二氧化硫(SO_2)會在大氣層形成硫酸微粒,造成酸雨。南丫發電廠運作中的6台燃煤機組均配備煙氣脫硫裝置,能除去煙氣中90%以上的二氧化硫。

▶ 南丫島的煙氣脫硫裝置是採用濕式洗滌法,通常以石灰岩(或石灰,或海水)作為吸附劑漿料,在洗滌塔內用淋灑的方式洗滌煙氣。

② 低氮氧化物燃燒器

低氮氧化物燃燒器能減少產生氮氧化物達2/3。南丫發電廠有5台燃煤機組配備了低氮氧化物燃燒系統,佔燃煤總發電容量的88%。

③ 靜電除塵器

全部燃煤機組都安裝了高效能靜電除塵器,可除去煙氣中99%以上的塵粒。

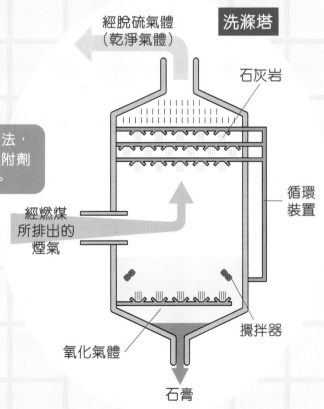

洗滌塔

經脫硫氣體(乾淨氣體)

石灰岩

循環裝置

經燃煤所排出的煙氣

攪拌器

氧化氣體

石膏

④天然氣發電機組 （燃氣聯合循環發電機組）

天然氣發電佔南丫發電廠總發電量超過30%，天然氣發電比燃煤發電更潔淨，污染物的排放量遠較燃煤發電低。

甚麼是天然氣發電？

天然氣只是一個統稱，氣化的石油、熱能氣、可燃冰都可用於天然氣發電，只是視乎經燃燒後的熱值是否達到要求*。天然氣發電的原理和燃煤發電一樣，但改為燃燒天然氣去推動燃氣輪機。

*南丫發電廠的F級燃氣輪機的燃燒溫度高達攝氏1400度。

天然氣的餘熱也能發電？

天然氣發電採用「燃氣循環」模式。由於燃氣發電時排出的煙氣仍處於高溫狀態（一般有500℃至600℃左右），可輸送到餘熱鍋爐，利用餘熱產生蒸氣，再推動燃氣輪機發電。

▲餘熱鍋爐鄰近東碼頭，而天然氣發電機組則置於西碼頭附近。

如何運輸天然氣？

人們在早期開採石油時，已經發現天然氣並懂得使用，但運輸天然氣的技術和成本卻是一大難題。南丫發電廠的天然氣產自澳洲墨爾本及中東卡塔爾，先用船運至深圳儲存，再經海底輸氣管道送來。

▲在產地開採時是氣體。

▲冷卻至約攝氏-162度時，則由氣態變成液態，方便儲存和運輸。

▼經壓縮後由運輸船送至深圳的天然氣接收站。

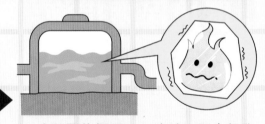

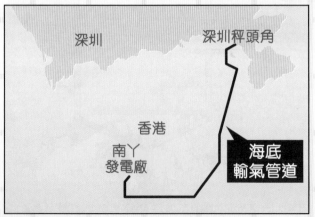

深圳　　　　　深圳秤頭角

香港

南丫發電廠

海底輸氣管道

經93公里長的海底輸氣管道泵到南丫發電廠。

▶再氣化加壓。

氣態

液態

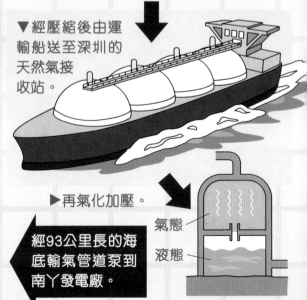

⑤太陽能發電

南丫發電廠擁有全港最大型的太陽能發電系統，每年產電110萬度，可供應約150戶家庭使用。

化石燃料 V.S. 可再生能源

煤、石油、天然氣等開採得來的化石燃料，並非用之不盡，許多礦區早已枯竭，但太陽能、風能等可再生能源則無窮無盡。

非晶硅光伏板 V.S. 傳統的太陽能板

即使在紅色暴雨之下，非晶硅光伏板都能發電。

南丫發電廠鋪有5500塊非晶硅光伏板，它們在日照猛烈的日子，發電量會比傳統的太陽能板稍低，但是非晶硅光伏板在陰天仍能發電，傳統的太陽能板則不能，由於香港時常陰天，更適合用非晶硅光伏板。

風能發電

風能發電設在南丫風采發電站。風車發出來的電是直流電，輸出至鄰近電箱轉為交流電，再轉至地下電纜，直送香港島，不回送南丫發電廠。

風車的大小

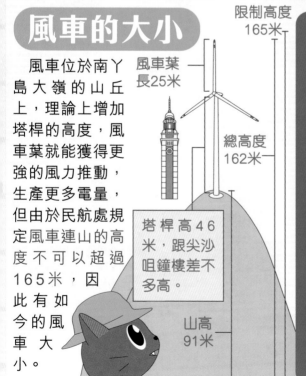

風車位於南丫島大嶺的山丘上，理論上增加塔桿的高度，風車葉就能獲得更強的風力推動，生產更多電量，但由於民航處規定風車連山的高度不可以超過165米，因此有如今的風車大小。

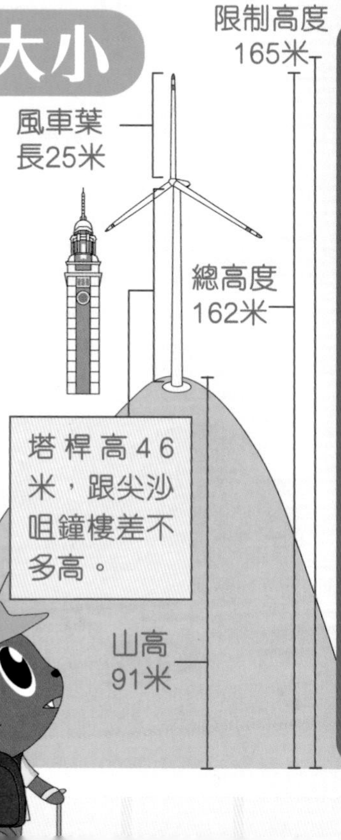
限制高度
165米
風車葉
長25米
總高度
162米
塔桿高46米，跟尖沙咀鐘樓差不多高。
山高
91米

為甚麼風車葉是3塊？

這是為了設計成當有一塊風車葉受損時，風車會安全地停下來。

3塊風車葉被吹斷一塊，風吹不動另外兩塊。

2塊風車葉被吹斷一塊，剩下一塊會如鐘擺不斷擺動。

4塊風車葉或以上，任斷了一塊，餘下的仍能吹動。

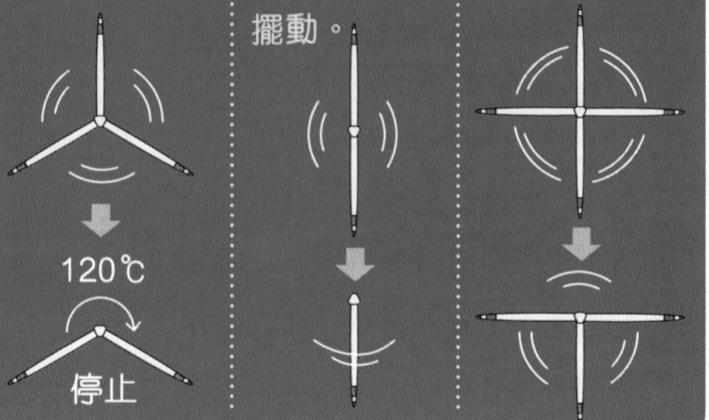
120℃
停止

香港有使用核電嗎？

有呀，但核能發電廠不是位於香港，我們坐專車去參觀吧！

大亞灣核電廠

廣東大亞灣核電廠約80%的電力供應香港使用，佔香港約25%的電力需求。

核島
兩座圓柱形的安全殼廠房。

消防局

出水口

高17米的防波堤

設有乏燃料池的燃料廠房

常規島

入水口

泵房

相連電網
連接廣東電網及（香港）中電電網的高壓電纜，能提供後備電源。

核電廠位置與距離

深圳（市中心）

大亞灣核電廠

45km

50km

香港（市中心）

其他核電廠與鄰近主要城市的距離比較
20km-30km：多倫多
31km-40km：台北、釜山
41km-50km：里昂、香港
51km-60km：京都、紐約

▶ 大亞灣核電廠位於淺水的內灣，不易發生海嘯。

大亞灣核電廠

核反應堆在安全殼廠房內

裝有渦輪發電機組

▲模擬核島與常規島內部的模型。

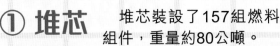

核能發電是利用核裂變過程中所產生的巨大熱能，把水加熱至產生高溫蒸氣，推動渦輪機及發電機來發電，運作原理跟燃煤發電機大致一樣。

① 堆芯

堆芯裝設了157組燃料組件，重量約80公噸。

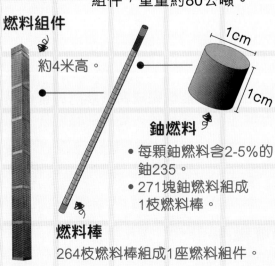

燃料組件

約4米高。

1cm
1cm

鈾燃料

- 每顆鈾燃料含2-5%的鈾235。
- 271塊鈾燃料組成1枝燃料棒。

燃料棒

264枝燃料棒組成1座燃料組件。

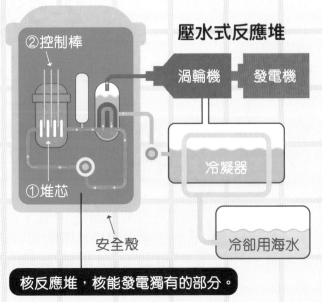

②控制棒

壓水式反應堆

渦輪機　發電機

冷凝器

①堆芯

安全殼

冷卻用海水

核反應堆，核能發電獨有的部分。

核裂變的過程

堆芯不像煤或天然氣，靠燃燒來發熱，而是通過核裂變的過程產生熱能。

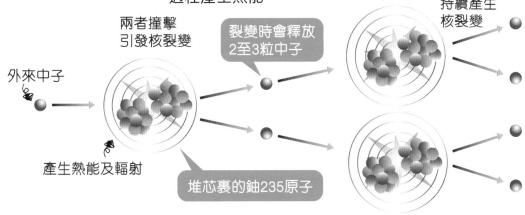

兩者撞擊引發核裂變

裂變時會釋放2至3粒中子

持續產生核裂變

外來中子

產生熱能及輻射

堆芯裏的鈾235原子

核裂變過程的第一步是鈾235原子受到中子撞擊，令原子核分裂成兩個較小的原子及數顆中子，新產生的中子接着撞擊鄰近的鈾235原子，並持續產生裂變，這被稱為「鏈式反應」，過程中會產生熱能及輻射。

② 控制棒

控制棒能夠有效地吸收中子，藉着控制鏈式反應，提供穩定的熱能。

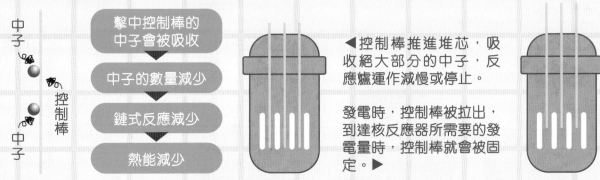

中子

控制棒

中子

擊中控制棒的中子會被吸收

中子的數量減少

鏈式反應減少

熱能減少

◀控制棒推進堆芯，吸收絕大部分的中子，反應爐運作減慢或停止。

發電時，控制棒被拉出，到達核反應器所需要的發電量時，控制棒就會被固定。▶

核反應堆會像原子彈般爆炸嗎？

核反應堆	原子彈
低濃度鈾235 **2-5%**	高濃度鈾235 **>90%**

不會，因為核反應堆的鈾濃度遠低過原子彈，但核能發電也有其他隱憂。

核能發電的優點和缺點

隨着化石燃料日益枯竭，核能發電成為最熱門的替代品，它供電穩定、價格合理，卻又帶來令人憂慮的輻射外洩和核事故等問題。

 優點

- 比可再生能源成本低、供電穩定、較不受地理環境限制。

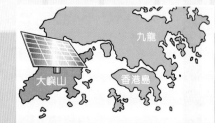

大亞灣核電廠 **現時輸出供應香港的電量 =**

風能發電	太陽能發電
須沿着香港海岸線建 4500 座風車	須整個大嶼山島被太陽能板覆蓋

爭議話題 過往，人們認為核能發電比化石燃料發電潔淨，因為核能發電時不會排放大量污染物和溫室氣體，但近10年的研究指出，整個核電的供應鏈，從鈾礦提煉到核廢料處理，均會排放出溫室氣體，未必比較環保。

 **缺點**

- 核裂變的過程中會產生大量放射性物質，若不慎洩漏，放射性物質所釋放的輻射，會破壞四周環境和造成傷亡。
- 核電廠退役時，需要將核島隔離數十年，甚至一百年，以清除輻射污染。

輻射水平
（毫希/mSv）

自然輻射（1年）

核電廠工人每年所接受的人工輻射劑量限值

出現各類輻射徵狀

0.2	0.29	2.4	3-15	20	1000	>1000	>4000

食物輻射（1年）

電腦斷層（CT）掃描1次

癌症病例增加

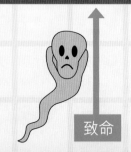

致命

嚴重核事故

前蘇聯切爾諾貝爾核事故（1986年）

事發經過 因進行測試，不慎導致發生蒸氣爆炸，反應堆損毀，大量輻射外洩。

影響 直接造成31名工人死亡，發電廠數百公里外的地區都受到輻射污染，超過33.6萬名居民被逼撤離。

日本福島第一核電廠事故（2011年）

事發經過 由地震引發的大海嘯，使發電機組的供電全部中斷，最終導致氫氧爆炸，輻射洩漏。

影響 疏散範圍遠至發電廠方圓50公里，世界各國重新評估核能源發展。

其他有趣的發電方式

除了常見的火力發電、核能發電外，還有其他發電方式嗎？

自給自足的單車發電

「踏1個小時單車，就能提供一個農村家庭用一整天的電量！」一名印度裔美國富商 Manoj Bhargava，為沒有電力供應或供電不穩的貧窮地方，開發了這輛發電單車，為當地人提供一種能自給自足、便宜又環保的能源。

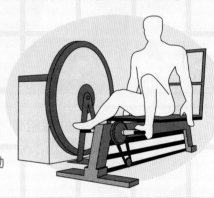

▶用家踏單車推動齒輪，齒輪推動發電裝置，電力能儲存到電池上。

月亮也能發電嗎？

除了太陽能發電，月亮也能發電，當然不是指「曬月光」，而是利用月亮引起的潮漲潮退來發電，即是潮汐發電。潮汐發電可再生又不污染環境，但以現時的技術，須設在潮差5米以上的沿海，以香港平均潮差約3.5米，則未達到要求。

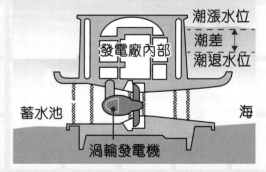

潮漲水位
潮差
潮退水位
發電廠內部
蓄水池
海
渦輪發電機

能建成電鰻發電站嗎？

電鰻的放電器官在身體兩端，能靠神經系統控制放電的時間和強度，輸出的電壓高達300-800伏特，足以電暈獵物和敵人。於是有人提出：

飼養大量的電鰻來為人類發電可行嗎？

理論上並非完全不可行，但價格非常昂貴。

為甚麼電鰻發電站那麼貴？

① 電鰻是海洋生物，不是放在水裏養就能成長，飼養成本非常高。
② 電鰻要生活在較暖和的地方，冬天還得反過來用電為電鰻供暖。
③ 電鰻的輸電功率遠不及其他發電方法。

香港的發電故事

香港是繼東京、上海，第三個有電的亞洲城市，當時的港燈在灣仔設置第一個發電廠，最初的發電量只足夠為50盞100瓦特燈泡供電。

▲今日灣仔的日街、月街和星街是灣仔發電廠所在。

香港早期的街燈，據說用花生油做燃料，每晚由警察負責點燈。

到了1889年，港燈成立，次年的12月1日，第一批街燈在中環亮起。

哇，很光亮呀！

早期的電力主要供應給電街燈，隨着供電量增加，西環、住半山的洋人、大企業都有電用。

有電去泵水，才有自來水飲。

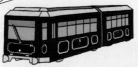

▲1926年，山頂纜車改為電力推動。

1894年，香港爆發鼠疫，政府在街燈上掛老鼠箱，鼓勵市民撲滅老鼠。

所以有「電燈柱掛老鼠箱」這說法。

1901年，中華電力成立，主要為當時人口最稠密的油麻地區供電，尖沙咀、旺角、何文田也緊接着有電，隨後整個九龍區都有電力供應。但直到50年代中期，大嶼山、新界和離島才陸續有供電。

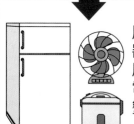

50至60年代，公屋發展迅速，一些電器代理向公屋居民推廣家用電器，家居用電量也大大增加，電變得愈來愈重要。

分期付款買電器

自始電便走進民居了。怎樣？你知道電得來不易後，感動到哭了嗎？

不是呀……我出門之前忘了充電，電話沒電了！

　　風雖然看不見，卻是天然的可再生能源。外形宏偉的風力發電機能將風的動能轉化為電力，我們也可自製迷你版放在家中，靠近風源便能轉動啊！

自組迷你

風力發電機

親子

所需材料　p.17 紙樣

剪刀

牙籤 2 枝

膠水

美工刀

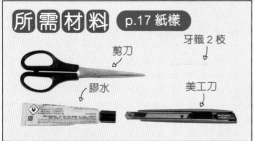

沿黑線剪下	—————
沿虛線摺	- - - - -
黏貼處	
穿孔處	•

製作難度：
★★☆☆☆

製作時間：
30 分鐘

製作流程　＊使用利器時，須由家長陪同。

1 將三個發電機葉剪下，沿虛線向外摺成90˚。

2 將三個機葉貼在轉盤的相應位置上。

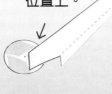

3 用美工刀在轉盤中央割開小洞，剛好讓一枝牙籤穿過。

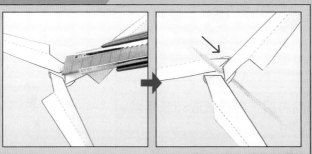

4 同樣在固定圈開小洞，將做法3的牙籤連轉盤穿過少許。

只穿過少許

5 以另一枝牙籤沾少許膠水，塗在固定圈和牙籤頭交接位置固定。

6 剪下發電機蓋，將虛線內黏貼部分向外摺並黏好，形成圓錐體。

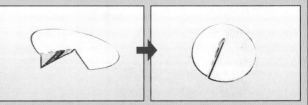

15

7 將膠水薄薄地塗在做法6錐體的圓邊上，並將之套住做法5的固定圈和牙籤頭，黏在轉盤上。

8 剪下引擎，在穿孔位置穿小洞（足可讓牙籤穿過），虛線部分向外摺並黏好。

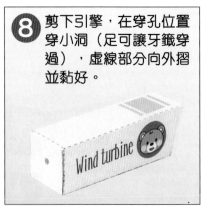

9 將做法7的牙籤尾部穿過做法8的前後兩孔。

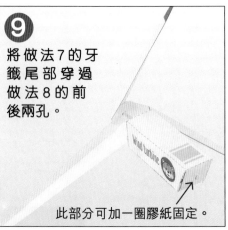

此部分可加一圈膠紙固定。

10 剪下兩個柱身，虛線部分向外摺，在黏貼處塗上膠水，將1套入2內黏好形成柱狀。

11 A及B向內摺，黏在引擎下方相應位置。

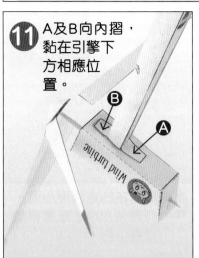

12 剪下底座，上面黑線位置用美工刀割開，虛線部分向外摺並黏好。

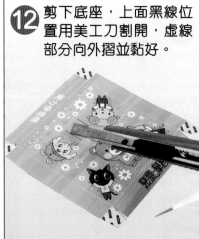

完成！

也可以手動的啊！

13 將做法11柱身下方的C及D向內摺，套在做法12底座割開位置內，並在底座底部黏穩。

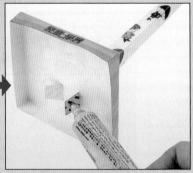

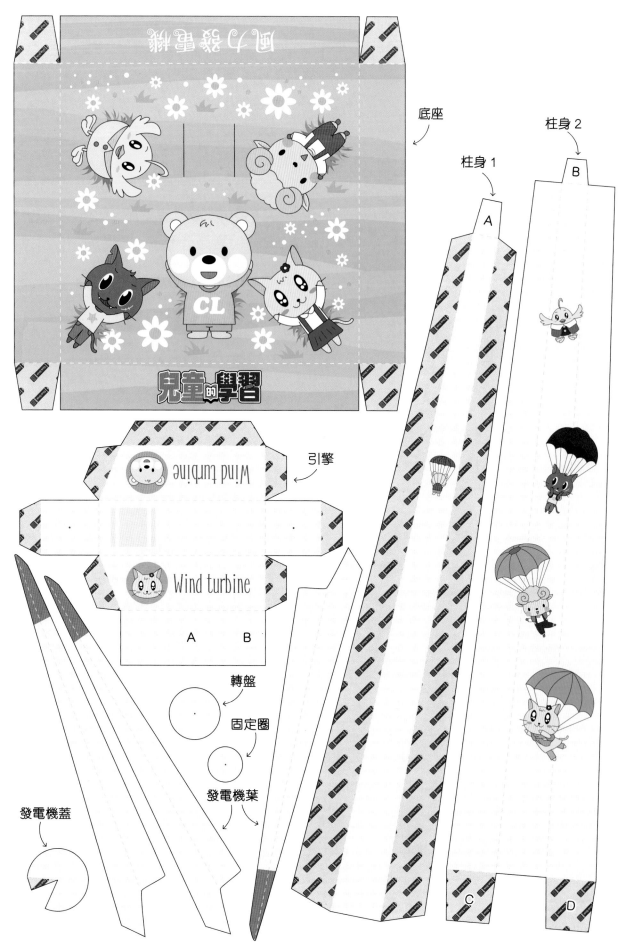

底座

柱身 2

柱身 1

B

A

引擎

Wind turbine

Wind turbine

A   B

轉盤

固定圈

發電機葉

發電機蓋

C   D

17

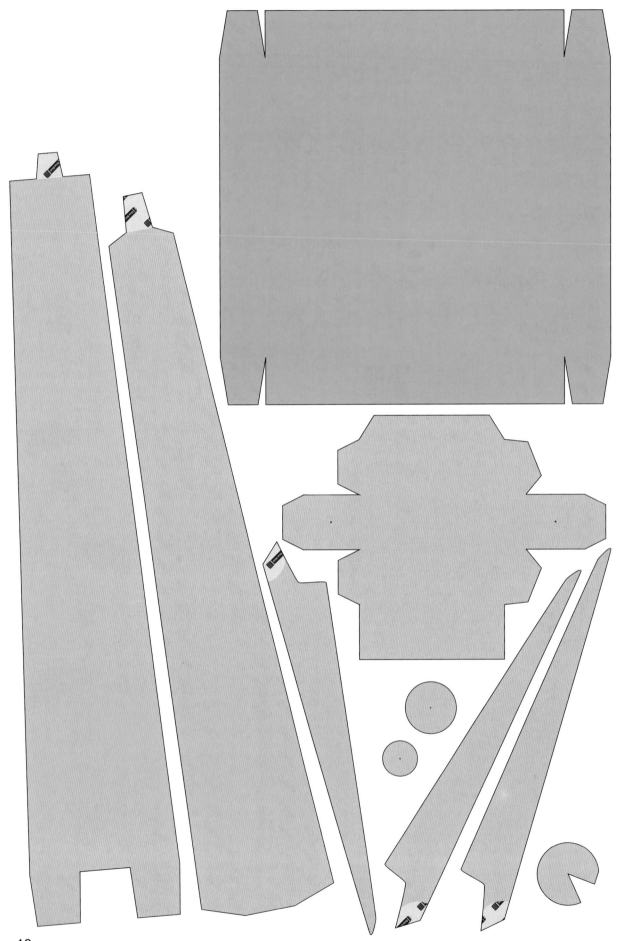

大偵探 福爾摩斯

SHERLOCK H M博士外傳

⑥ 神秘驗屍官

奧斯汀·弗里曼＝原著　厲河＝改編

陳秉坤＝繪　　陳沃龍、徐國聲＝着色

愛德蒙·唐泰斯
年輕船長。因冤罪而被囚於煉獄島。

福爾摩斯　精於觀察分析，曾習拳術，是倫敦最著名的私家偵探。

上回提要：

　　年輕船長唐泰斯被誣告入獄，逃獄後要找仇人報仇。他化身成神甫，首先找到已改行經營旅館的醉酒鬼鄰居、綽號裁縫鼠的卡德，確認陷害自己的是同僚唐格拉爾和妻子的表哥費爾南。裁縫鼠雖然並非元兇，但他的見死不救與幫兇無異。扮成神甫的唐泰斯為了向他報復，訛稱為了執行唐泰斯的遺願把五顆鑽石相贈。翌日，裁縫鼠按指示買了船票，準備當晚乘船去阿姆斯特丹的鑽石市場出售套現，卻沒想到一個名叫布羅斯基的鑽石商人身懷大量鑽石闖了進來。裁縫鼠見獵心喜，企圖進行劫殺時，豈料對方原來也心懷不軌，亮出匕首與他打起來。約半小時後，附近的路軌上發生了火車撞死人事件，起初人們以為是自殺或醉酒意外，但經當地的布朗探長和路過的蘇格蘭場法醫桑代克驗屍後，發現死者竟是專門打劫的慣犯布羅斯基，更知道他是……

　　「他是被**謀殺**而死的！」桑代克說。

　　「啊！」站長被嚇得手一鬆，他舉着的提燈幾乎掉了下來。

　　「喂、喂、喂！拿穩當一點好嗎？」布朗探長向站長說，「對了，除了屍體外，在現場還找到甚麼東西嗎？」

　　「啊……都放在那個木箱上了。」站長誠惶誠恐地指着木箱說。

　　「一個**行李箱**、一把**雨傘**和一副爛了的**金絲眼鏡**嗎？」探長走過去打開行李箱看了看，「唔？怎麼是空的？」

　　「空的嗎？」站長和老乘務員都感到奇怪。

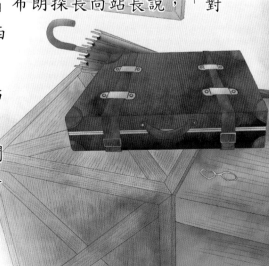

「嘿！我知道了。」探長摸摸下巴說，「提着行李箱、手持雨傘，再戴一副金絲眼鏡，這個裝扮嘛……嘿嘿嘿，一定又是化身成為**殷實商人**去打劫了。」

「這麼說的話，他戴着的**鑽戒**也是裝身用的道具了。」桑代克往掉在雨布外的那隻手瞥了一眼，「可是，兇手為何不把鑽戒取走呢？它看來相當值錢啊。」

「果然是蘇格蘭場的專家，問得好！真是**英雄所見略同**也！」探長拍一拍圓鼓鼓的肚子說，「我和你的疑惑一樣，如果是仇家或者黑吃黑，一定會把鑽戒拿走。」

「那麼，兇手是甚麼人呢？為何在殺死布羅斯基後，還要費時費力把他**偽裝成自殺**呢？」桑代克問。

「唔……這個嘛……」探長**裝模作樣**地想了想，忽然反問，「我心中已有答案，但想先聽聽你的看法。」

「我的看法嗎？」桑代克沉思片刻，然後說，「布羅斯基這身打扮，證明他死前企圖扮成殷實商人去**行劫**，但在行劫時出了岔子，反被人殺了。兇手為了逃避警方的追查，就把布羅斯基的死佈置成自殺，企圖**瞞天過海**。」

「哈！果然厲害！我和你的想法**一模一樣**呢！」探長又拍了拍肚子笑道，「所以，我認為兇手就是布羅斯基的行劫目標，但那人比他厲害，反而把他殺了。」

「有道理。」桑代克假意稱讚，但話鋒一轉，又問，「你對那副爛了的金絲眼鏡有甚麼看法？」

「那副眼鏡嗎？嘿嘿嘿，很簡單，應該是……」探長說到這裏，又停下來拍一拍肚子，「嘿！我已有答案了！你先說你的看法吧。」

「唔……布羅斯基是攔腰被輾過的，按道理車輪不會碰到眼

鏡……」桑代克說，「我認為，可能是兇手把他放在路軌上時，眼鏡掉了下來，兇手卻不小心**踩**到，就把它踩成這樣了。」

「太本事了！」探長大力誇獎，「竟然和我的想法**不謀而合**！沒錯，眼鏡應該是被兇手踩爛的！」

站長和老乘務員聽到探長這樣說，不禁**面面相覷**。看來，他們已覺得這個探長未免太過厚顏了。

「對了，站長先生，你發現這副眼鏡時，有沒有在附近看到**碎了的鏡片**？」桑代克問。

「這個……好像有……」站長不敢肯定地答道。

「哎呀，你太糊塗了！有就有，沒有就沒有。」探長責難。

「沒關係，我們去現場看看就行了。」桑代克連忙為站長打圓場。

「好！**事不宜遲**，我們馬上去吧！」探長說。

「且慢，先檢查一下他的口袋，看看有沒有其他東西吧。」桑代克建議。

「有道理，待我來搜一搜吧。」探長**坐言起行**，馬上搜起來。結果，他從布羅斯基的褲袋中，搜出了一個**煙草袋**、一盒**火柴**，又從外衣的口袋中，搜出了一個**皮夾子**，和一個染了血的**煙紙包**。

他率先打開皮夾子，把錢翻了出來數了數說：「有12鎊呢！這更證明了我們的分析正確，這絕不是黑吃黑！」

「幸好這些東西都沒有被火車輾過。」桑代克則打開火柴盒看了看，又嗅了嗅煙草袋中的煙草，「這是上等貨色，應該是**拉塔基亞煙草**。」

探長連忙拿過煙袋也嗅了嗅，**煞有介事**地頷首道：「沒錯！這是拉塔基亞煙草！」

接着，桑代克又打開煙紙包，抽出一張煙紙說：「這是**鋸齒牌捲煙紙**，紙邊是鋸齒形的，紙上還有水印呢。」

「都看過了，我們去現場看看吧。」

「不，我還未看他的**鞋底**。」

「對，鞋底！鞋底很重要，可知道他去過甚麼地方。」探長馬上附和。

桑代克用放大鏡，仔細地檢查過布羅斯基的鞋底後，說：「鞋底沾了些泥，但這些泥隨處可見，難以知道他去過甚麼地方。不過，他右腳的鞋底還有個**黑色印記**和沾了些新的**煙灰**，看來是不久前踩熄**煙屁股**時造成的。」

「這也沒甚麼用呢。」探長說，「他是抽煙的，踩熄煙屁股是很平常的事。」

「是的。但我們可從中知道他踩熄煙屁股時應該在**室外**，如在室內的話，把煙屁股丟在煙灰缸就行了。」

「有道理！是室外！」探長馬上自作聰明地補充道，「嘿嘿嘿，我已知道了，**他是在室外遇害的**！」

桑代克嘴角泛起一絲不着痕跡的冷笑，說：「我檢查完了，去現場看看吧。」

「好！馬上去！」探長興奮地說。

當四人踏出休息室時，候車的人羣中有個**身影**一閃而過。

桑代克的眼尾已瞥見他，那不是別人，正是此案兇犯——

裁縫鼠卡德！

然而，化身成為桑代克的唐泰斯卻**不動聲色**，只是默默地跟在胖探長等人後面，往出事的路軌走去。

「嘿嘿嘿，裁縫鼠沒認出我就是昨天那個神甫呢。也難怪，我的易容術已**爐火純青**，一般人很難看出破綻。」唐泰斯踏着路軌旁的

碎石，一邊走一邊細想，「那傢伙膽子也真大，竟敢混在人羣中看熱鬧，更沒想到的是，我派去的布羅斯基會死在他手上。這麼一來，就要借助**警方的力量**去報仇了。或許這是天意吧，當年他們也是利用司法機關把我打進黑牢。嘿嘿嘿，我就**以其人之道還治其人之身**，讓他也嘗嘗黑牢的滋味吧！不過，要警方信服，必須搜集到足夠的證據才行。」

「就在前面，快到了。」走在前頭的站長舉起提燈說。

唐泰斯抬頭看了看前方，心中暗自整理了一下已知的線索：

---

①布羅斯基的面頰有一道伸延至額頭的**血痕**。

②他的牙縫中留下了一粒燕麥片和一條紅色的**纖維**。

③他口中有股**威士忌**的氣味。

④他的鞋底有踩過**煙屁股**的痕跡。

⑤他抽的是**拉塔基亞煙草**。

⑥他用鋸齒牌捲煙紙來捲煙草。

⑦他留下了一個空的**行李箱**，和一把雨傘。

⑧他有一副被踏爛了的、沒有玻璃鏡片的金絲眼鏡。

「那副金絲眼鏡就是在這兒發現的。」站長的聲音打斷了唐泰斯的思緒。他看到站長已停了下來，並用提燈照亮了散落在枕木上的**玻璃碎片**。

唐泰斯馬上調整心態，迅即代入法醫的角色中去，變回蘇格蘭場來的桑代克。他**小心翼翼**地蹲下來，從手提箱中取出一個信封，再用鑷子把玻璃碎片逐一撿到信封中。

「都碎成這樣了，還有用嗎？」探長好奇地問。

「雖然不知道是否有用，但這些都是**證物**，必須撿回去仔細檢——」桑代克說到這裏，忽然止住了，「唔……這塊碎片有點奇

怪。」

說着，他放下信封，掏出放大鏡細看。

「怎麼了？那碎片有可疑嗎？」

「**有可疑！**」桑代克說，「你也來看看。」

探長連忙湊過去看了看，說：「碎片上只是有一道**裂痕**罷了，沒甚麼特別呀。」

「不，這不是裂痕，這是花紋。」

「甚麼？花紋？」探長感到疑惑，「鏡片上怎會**雕花**？不會吧？」

「對，在眼鏡用的鏡片上絕不會雕花。」桑代克邊說邊把碎片放到信封裏，「所以，這塊碎片並不是眼鏡的碎片。」

「那麼，你認為是甚麼？」

「唔……還不敢肯定。不過，有一點可以肯定的是，兇手是在別的地方踩碎了金絲眼鏡。但他為了製造布羅斯基在這裏**自殺的假象**，就把踩爛了的眼鏡框和鏡片的碎片也帶來撒到路軌上。」桑代克分析道，「可是，兇手**百密一疏**，在撿起鏡片的碎片時，連帶有花紋的玻璃碎片也混了進去。所以，兇案現場並不是這裏，而是另有地方。」

「不！你忽略了一個可能性。」探長搖搖頭。

「甚麼可能性？」難得探長有自己的看法，站長忍不住插嘴問。

「有花紋的玻璃碎片可能**老早已在這裏**呀！」探長說，「所以，當兇手踩爛眼鏡時，那碎片就混在眼鏡的碎片當中了。」

「是的，確實有這個可能。」桑代克點點頭，「不過，有一點可以肯定的是，布羅斯基不是自己走路來這裏的，他是被兇手**扛**來的。」說完，他故意看了看地面。

胖探長注意到了，於是循桑代克的視線看去。他一看之下，霎時大喜。

24

「哈哈哈！真是**英雄所見略同**！」探長假笑幾聲道，「我一來到這裏就看到路軌旁鋪滿了碎石和**白灰**，但布羅斯基的鞋底卻一點白灰也沒沾上，所以我早已知道他不是自己走路來到這裏的。嗯！錯不了！他是在別的地方遇害，然後被兇手**扛**來這裏的！」

「沒錯，我的看法也是如此。」桑代克點點頭，又向站長問道，「那個**行李箱**和**雨傘**是在哪裏找到的？」

「行李箱和雨傘嗎？」站長退後幾步，用提燈照亮了自己的腳下說，「就在這個位置。」

桑代克在燈光下低頭搜索了一會，忽然，他好像發現了甚麼似的蹲下來，又用手上的鑷子鉗起了一截約**半吋長**的東西。

「那是甚麼？」探長問。

「是一截用不同顏色的**幼線搓成的繩子**。」桑代克把它舉起，遞到胖探長的眼前。

「好特別的繩子呢。」探長說。

「對，好特別的繩子。」說着，桑代克又取出一個信封，把繩子放了進去。他收好信封後，又低着頭在四周仔細地看了一遍。

「看來沒甚麼東西了——」說到這裏，桑代克了想了想說，「對了，我們忽略了**帽子**，看布羅斯基那一身裝束，他沒有理由不戴帽子。」

「對！帽子，他一定有戴帽子。」探長一頓，向站長問道，「你們沒發現帽子嗎？」

「沒有啊……」站長抓抓頭皮說，「會不會被風吹走了呢？」

「唔……如果是被風吹走的，應該還在附近，我們找找看吧。」桑代克說着，就沿着路軌向月台的反方向走去。

「**對！要找帽子！**」探長向站長命令，「快！給我們照明！」

「啊，知道！」站長和老乘務員馬上往桑代克追去。

桑代克聽着追來的腳步聲，嘴角泛起一絲冷笑。他心中暗想：「嘿嘿嘿，只要把他們帶往小旅館的方向，就有辦法找個理由，引導他們去兇案現場了。」

「這邊沒有。」站長拿着提燈照來照去，「你那邊有嗎？」

「這邊也沒有啊。」老乘務員應道。

「我們已走了差不多一哩吧？」探長有點不耐煩地說，「說不定兇手把他的帽子丟了，再找下去也白費——」

「你們看！」桑代克打斷探長的說話，指着前方說，「那邊的圍欄有個缺口呢。」

探長定睛一看，精神為之一振：

「呀！有個缺口！兇手一定是從那裏把布羅斯基的屍體扛到路軌去的！」

「啊！我記起了。」站長說，「兩個星期前有人通報，說有幾個頑童破壞了圍欄，看來就是那兒吧。」

「哎呀，兩個星期也沒來修理嗎？鐵路部門太不負責任了！」

探長罵了一句，就往缺口奔去。站長和老乘務員見狀，也立即緊隨其後走了過去。

「嘿嘿嘿，正中下懷。」桑代克心中暗笑。他看着三人穿過缺口後，也快步跟上。

「前面全都是草叢呢。」探長說。

「要不要去看看？」站長問。

「還用問嗎？當然要去看！如果在草叢中找到**布羅斯基的帽子**，就能得知兇手把他扛過來的**路徑**了。」

「布朗探長說得有理。」桑代克說完，假意想了想後，向站長問道，「這附近有沒有房子？如果有的話，我們可以去查問一下。」

「房子嗎？這個嘛……」站長抓抓頭皮，努力地想。

「有！我知道有。」老乘務員插嘴道，「離這裏約300碼遠的地方有**一幢房子**，有一條還沒建好的路經過那兒。本來，那條路是建給新開發的住宅區用的，但開發計劃難產後，路就**半途而廢**了。不過，從那裏有條小路可以通往車站。」

「附近就只有那幢房子嗎？」桑代克問。

「方圓半哩之內，就只有那幢了。」老乘務員補充道，「對了，那不是一般的民居，而是家**小旅館**。」

「小旅館嗎？」胖子探長**煞有介事**地摸了摸下巴，「好！我們去查問一下吧。大家沿途踢踢草叢，看看有沒有帽子。」

說着，他**一馬當先**，踏進及膝的草叢中，一邊在亂草中踢來踢去，一邊往前走。

走了不久，踢着草的探長突然「**哇呀**」一聲大叫。

「怎麼了？」站長驚訝地問。

「哎喲……喲……好痛……我好像踢到**石頭**了。」探長摀着腳呼呼叫痛。

「不是石頭，是一根**鐵枝**。」桑代克蹲下，從亂草中撿起一根鐵枝，「唔？前端很尖銳，看來是從**鐵柵欄**上拆下來的呢。」

「豈有此理！竟把這種東西亂丟，太沒有公德心了！」探長拚命搓着腳罵道。

「鐵枝上有點**鏽跡**，不知道丟在這裏多久呢？」桑代克說。

「管它多久！要是給我知道是誰丟的，我一定不放過他！」

「看！前面就是那家小旅館了。」老乘務員指着前方的一幢房子說。

「唔？旅館的院子被**鐵柵欄**圍着呢。」桑代克故意這麼說。

「呀！那鐵柵欄的鐵枝跟你手上那根**一模一樣**呢！哼！一定是旅館的人亂丟出來的！一定要找他們算賬！」探長帶着怒氣，一拐一拐地跑了過去。三人見狀連忙跟上。

探長一手推開柵欄的門，通過一條石板小徑，走到旅館門前用力地拍門：「**喂！有沒有人呀！快開門！警察呀！**」

「裏面沒有開燈，看來沒有人呢。」站長舉着提燈走近說。

「站長先生，請把提燈拿過來這邊。」桑代克說着，已在柵欄外的石板徑上蹲了下來。站長趕忙走回去，照亮了桑代克蹲下的位置。

「探長先生，你也過來看看。」桑代克從手提包中取出信封和鑷子，鉗起了一根**燒過的火柴**。

「怎麼了？只是一根火柴罷了。」探長走近說。

桑代克把火柴放進信封，正想站起來時，忽然好像發現甚麼似的，說：「唔？你的腳邊有一截被**踩扁了的香煙**呢。」說着，他走到探長的腳邊，用鑷子把那截只抽了不到一半的香煙鉗起，放到鼻子下嗅了嗅。然

後，他抬起頭來，別有意味地往胖探長瞟了一眼。

「啊！那——」探長猛然醒悟，「那是**拉塔基亞煙草**！」

「對，而且不必用放大鏡也可以看得出，這根香煙用的是**鋸齒牌捲煙紙**。」桑代克用鉗子把香煙遞到探長眼前晃了晃。

「這麼說來，布羅斯基曾經來過這裏，並在柵欄前點着了香煙，但只抽了幾口，就有人叫他進屋。於是，他把未抽完的煙丟到地上，並把它踩熄了。」探長興奮地分析。

「厲害、厲害！」桑代克假意**誇獎**道，「我還未想到，你已把整個情景描述出來了。」

「**哇哈哈**，不敢當、不敢當！」探長開心地笑道，看來他已忘記了腳痛。

「現在怎辦？要破門進去嗎？」站長問。

「不用急，我們先到房子的四周看看吧，或許有甚麼發現也說不準。」

「好！我們分頭去搜！」探長嚷道。

桑代克看着三人散開後，心中暗自推斷：「那片有花紋的玻璃碎片，肯定是酒杯的碎片，我昨天還用過那酒杯來喝威士忌呢。嘿嘿嘿，裁縫鼠太大意了，竟把它混到碎了的鏡片中去。如果這個推斷沒錯，一定還有酒杯的其他碎片。那傢伙會怎樣處理那些碎片呢？」

他想到這裏時，發現不遠處的牆壁下有一個**垃圾箱**，馬上走過去打開蓋子，並揚聲道：「太黑了，可以把提燈拿過來嗎？」

站長聞言，馬上走過去把提燈舉起。

「**啊！**」桑代克誇張地驚叫，「箱底有一個**酒瓶**、一個**破碟子**和一些**玻璃碎片**，看來是兩個玻璃杯的碎片，而碎片上還有花紋呢！」

「甚麼？」探長跑過去看，但揉揉眼睛說，「哎呀！太黑了，到屋子裏去看吧！」說着，他走到大門前，掏出一條萬用鑰匙，只花了兩分鐘就把大門打開了。這時，桑代克已撿起了酒瓶和破碟子，又用鑷子把玻璃碎片逐一放到信封裏。

眾人走進屋內後，老乘務員點着了牆上的掛燈，把室內照亮。他們看到，裏面有個小酒吧，旁邊還放着三張小圓桌。

桑代克把酒瓶和破碟子放在一張小圓桌上，再把信封內的玻璃碎片倒出來，然後用放大鏡仔細地檢視。

「怎麼了？跟在路軌找到的花紋碎片一樣嗎？」探長緊張地問。

桑代克取出那塊花紋碎片，與桌上的那些碎片對照了一下，說：「從紋理看是一樣的，應該來自同一個雕了花的酒杯。但為了慎重起見，必須花時間把碎片拼合起來看看，才能百分百確定。」

「不過……」說着，他在桌上鉗起另一塊碎片，「這塊碎片看來更重要呢。」

探長連忙湊過去，仔細地端詳了一下後，他突然驚叫道：「啊！這弧度不同！肯定不是來自酒杯的！這是鏡片的弧度！」

「沒錯，這是那副金絲眼鏡的碎片。」桑代克眼底閃過一下寒光，「看來，布羅斯基曾經在這家旅館歇過，還喝了一杯威士忌！」

「桑代克先生，我記得你說過，他口中有威士忌的氣味。」站長說，「此外，你還在他的牙縫中找到一粒燕麥片。」

「這個破碟子也沾着一些餅乾碎呢。」桑代克把破碟子撿起，放到放大鏡下細看，「唔……看來也是燕麥片。」

「呀！這裏有一個餅乾罐！」老乘務員指着小酒吧內的一個鐵罐說。

「快拿來看看！」探長叫道。

老乘務員拿來罐子打開給眾人一看，裏面果然是燕麥餅。

「哈！我知道了！」探長興奮莫名，「布羅斯基死前一定

曾坐在這裏一邊吃燕麥餅，一邊喝威士忌！」

「對，但他是怎樣死的呢？」桑代克站起來，走到小酒吧那邊舉目四顧。

忽然，他指着天花板的一道刮痕說：「咦？那道刮痕好像是新的呢。」

探長也舉起頭來細看，說：「看起來的確是新刮的，但又怎樣？」

桑代克沒回答，他把在草叢中找到的那根鐵枝拿來，舉到天花板的那道刮痕處量了一下，說：「看來是這根鐵枝造成的呢。」

「啊！我明白了！」探長猛然醒悟，「一定是有人揮動這根鐵枝襲擊他人，卻意外地刮花了天花板！」

「有道理。」桑代克掏出放大鏡，細看了一下鐵枝的尖端說，「剛才太黑沒察覺，尖端上沾了點血跡呢。」

「甚麼……？」胖探長臉色大變，「難道……這就是兇器？」

「不，如是兇器的話，應該有更多血跡。」桑代克想了想，以不太肯定的語氣說，「唔……或許是布羅斯基的面頰被刮花時留下的血跡。」

「不過，這是柵欄的鐵枝，兇手為何用它來攻擊布羅斯基呢？」說着，桑代克走到小酒吧後的廚房去搜查。胖探長三人不敢怠慢，馬上也跟了進去。

「嘿嘿嘿，你們看。」桑代克好像發現了甚麼，指着牆角和地上的兩小塊鏽跡說，「答案在這裏呢！」

（下回預告：兩塊鏽跡代表了甚麼？化身成法醫桑代克的唐泰斯剝繭抽絲找出種種證據，誓要借警方之手把裁縫鼠打進黑牢！）

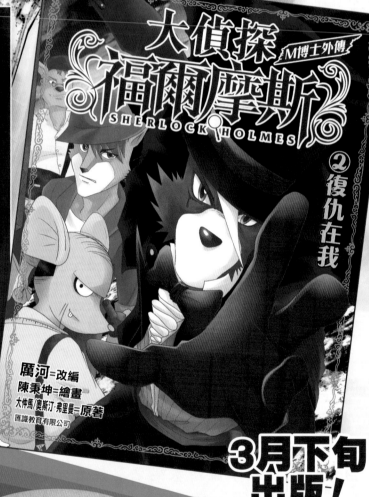

奇妙生物大集合

快樂大獎賞

角落生物、粉紅兔兔，還有來自四萬年後的未來生物聚首一堂，你喜歡哪一個？

A Full Armor Unicorn Gundam "Ver Ka" 1名

曾以「武裝配備最多的MG」聞名的全武裝獨角獸高達，盾牌、光束格林機槍、光束戟、火箭筒、榴彈發射器連飛彈匣、手榴彈匣一應俱全。

B 角落生物日版斜孭袋 1名

拉鏈是一串角落生物，拉開淺藍色格子，裏面都有角落生物圖案。

C Kanahei 大公仔 1名

半個人身高的粉紅兔兔來陪你吃P助麵包哦！

D LEGO60214 漢堡包店消防救援 1名

漢堡包店的標誌起火，消防員駕駛消防車迅速趕到現場，穿好裝備泵水滅火。

E 星光樂園Priticke File + Prism stone case + 遊戲卡及寶石套裝1份 1名

漂亮的寶石盒還可以用來作飾物盒。

F WARHAMMER 40000 1名

背景設定為四萬年後遙遠未來的科幻戰棋遊戲。

G Disney Doorables 長髮公主 1名

來看看長髮公主的城堡裏藏着甚麼秘密吧！

H 口袋波莉旅行車變身組合 1名

車尾箱載有迷你世界的獨木舟。

I TREASURE X 探險套裝 1名

簡單好玩的挖掘遊戲。

第47期得獎名單

	獎品	得獎者
A	LEGO 60195 極地活動勘探基地	林柏亨
B	角落生物防風縮骨遮	莊信忻
C	Cludo妙探尋兇	賴君穎
D	星光樂園舞台套裝	翁沛楹
E	Star Wars BB-8	王感恩
F	龍珠超角色系列	鄧子謙
G	TAKARA TOMY 戶內風箏	陳凱琳
H	Breakout Beasts	馮洛謙
I	侏羅紀世界冥河龍	駱繕

第45期得獎者 黃樂彤 (代領)

33

大家看了今期的《大偵探福爾摩斯》M博士外傳沒有？想知道桑代克如何引導探長查出真相，就要繼續看下去了！也不忘留意裏面出現的成語啊！

〔不謀而合〕

> 未有事先商討，見解行為卻一致。

「太本事了！」胖探長大力誇獎，「竟然和我的想法**不謀而合**！沒錯，眼鏡應該是被兇手踩爛的！」

站長和老乘務員聽到探長這樣說，不禁面面相覷。看來，他們已覺得這個探長未免太過厚顏了。

不	深	老	下	＿＿＿＿＿
從	謀	珠	善	＿＿＿＿＿
聯	算	而	問	＿＿＿＿＿
擇	璧	恥	合	＿＿＿＿＿

右邊的字由四個四字成語分拆而成，每個成語都包含了「不謀而合」的其中一個字，你懂得把它們還原嗎？

〔爐火純青〕

> 本指道家煉丹時，爐火由紅色轉成青色，就代表成功。現指技術達到熟練精湛的境界。

「嘿嘿嘿，裁縫鼠沒認出我就是昨天那個神甫呢。也難怪，我的易容術已**爐火純青**，一般人很難看出破綻。」唐泰斯踏着路軌旁的碎石，一邊走一邊細想，「那傢伙膽子也真大，竟敢混在人羣中看熱鬧，更沒想到的是，我派去的布羅斯基會死在他手上。這麼一來，就要借助警方的力量去報仇了。或許這是天意吧，當年他們也是利用司法機關把我打進黑牢。嘿嘿嘿，我就以其人之道還治其人之身，讓他也嘗嘗黑牢的滋味吧！不過，要警方信服，必須搜集到足夠的證據才行。」

很多成語都與火有關，你懂得以下幾個嗎？

□□撲火

比喻自己的行為導致滅亡。

□□觀火

比喻對別人的事漠不關心，袖手旁觀。

□□石火

形容事情發生時間快速，轉瞬即逝。

□□救火

比喻用了錯誤的方法，使災禍更嚴重。

34

〔半途而廢〕

指做事有始無終，做到一半就停止。

　　「有！我知道有。」老乘務員插嘴道，「離這裏約300碼遠的地方有一幢房子，有一條還沒建好的路經過那兒。本來，那條路是建給新開發的住宅區用的，但開發計劃難產後，路就**半途而廢**了。不過，從那裏有條小路可以通往車站。」

　　以下四個成語都缺了兩個字，你懂得用「革面、毛遂、故態、矯枉、有恃」來完成以下句子嗎？

①他雖然為人正直，可做事總 □□ 過正，反令大家困擾。

②他曾經犯錯，但現在已洗心 □□ ，徹底悔改了。

③無論罵過他多少次，沒過多久他就會 □□ 復萌。

④他們背後有權貴撐腰，做起壞事來當然 □□ 無恐了。

⑤他對自己很有信心，所以 □□ 自薦擔當此重任。

在周密的計劃中出現了疏漏之處。

〔百密一疏〕

　　「唔……還不敢肯定。不過，有一點可以肯定的是，兇手是在別的地方踩碎了金絲眼鏡。但他為了製造布羅斯基在這裏自殺的假象，就把踩爛了的眼鏡框和鏡片的碎片也帶來撒到路軌上。」桑代克分析道，「可是，兇手**百密一疏**，在撿起鏡片的碎片時，連帶有花紋的玻璃碎片也混了進去。所以，兇案現場並不是這裏，而是另有地方。」

　　很多成語都與數目有關，以下左邊全部被分成兩組並調亂了位置，你能畫上線把它們連接起來嗎？

百口 ●	● 百媚
一目 ●	● 爭鳴
千嬌 ●	● 莫辯
百家 ●	● 之貌
一丘 ●	● 十行

35

雲南米線套餐

大家是否會常到雲南米線店，享用米線之餘，也點上一款小吃呢？其實在家中也可自製出雲南風味，做法也簡單呢！

米線和雞翼是最佳配搭啊！

製作難度：★★☆☆☆
製作時間：每款 20 分鐘（不包括醃製時間）

番茄墨丸米線

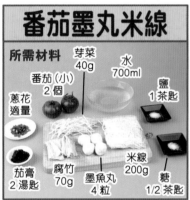

所需材料
芽菜 40g
水 700ml
番茄（小）2 個
鹽 1 茶匙
蔥花 適量
茄膏 2 湯匙
腐竹 70g
墨魚丸 4 粒
米線 200g
糖 1/2 茶匙

1 番茄洗淨後切塊。墨魚丸、芽菜及腐竹略為沖洗。

※使用利器時，須由家長陪同。

2 將米線放進沸水（材料以外）煮約 2 分鐘，撈起瀝乾。

※使用爐具時，須由家長陪同。

3 煮沸水，放入番茄及茄膏，約煮 3 分鐘。

4 放入墨魚丸煮 2 分鐘，再放入芽菜及腐竹，下鹽及糖調味。

5 放入米線煮約 1 分鐘。

6 盛起後灑上葱花。

不吃墨魚丸，可用其他自己喜歡的配料代替啊！

完成！

香煎孜然雞翼

所需材料

生抽 2茶匙
黑芝麻 適量
孜然粉 2茶匙
五香粉 1茶匙
老抽 1/2茶匙
鹽 1茶匙
糖 2茶匙
雞翼 8隻
粟粉 1茶匙
紹興酒 1茶匙

1 雞翼解凍洗淨，在中間位置割一刀（較易熟及入味）。

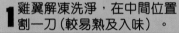

2 除黑芝麻外，將所有調味料加入雞翼拌勻，放進雪櫃醃最少3小時。

3 將黑芝麻放入白鑊（沒有加油的熱鑊）炒香，盛起備用。

4 熱鑊下油，放入雞翼煎至熟透。

5 加入黑芝麻炒至雞翼均勻地沾上。

完成！

焗爐做法

　　米線店多用焗的方法，雞翼較乾身，如果家中有焗爐，可先以200℃預熱，放入雞翼後焗10分鐘，取出後翻轉再焗10分鐘，最後灑上芝麻。

認識孜然粉

　　這道雞翼菜式的香氣主要來自孜（音：之）然粉，街市雜貨店及部分超市有售。孜然又名「安息茴香」，多用作調味之用，新疆是中國主要產地，其氣味濃烈，可袪除肉類腥羶味，所以新疆的羊肉菜式都會加入孜然粉，成為特色。

37

玩樂地圖

親子

觀塘
Kwun Tong

舊稱「官塘」，是香港首個衛星城市。50年代填海後發展成工業區，90年代起工業逐漸式微，工廠大廈被活化成工作室、商店及餐廳，而政府亦將觀塘列入重建項目，未來將轉型為商貿區。

觀塘綫

○────○────○────◎────○────○
彩虹　九龍灣　牛頭角　**觀塘**　藍田　油塘

大家試玩玩這3個地圖遊戲，從而加深對觀塘的認識吧！

路線遊

看看以下觀塘幾個景點介紹，按順序將地圖上起點（START）串連觀光路線至終點（GOAL）吧！注意要以最短路線在行人路上行走啊！

1 觀塘海濱花園

昔日為觀塘公眾貨物裝卸區，全長約1公里，設有海濱步道、健身設施、觀景亭、兒童遊樂場，更可臨岸眺望啟德郵輪碼頭。

2 宜安街

位於裕民坊斜後方，不僅是多條紅色小巴路線的總站，也是蛇店和海鮮小炒店集中地，每當入夜便燈火通明，人潮興旺。

3 秀茂坪交通安全城

香港四個交通安全城之一，內設模擬道路環境，旨在提高小童的道路安全意識。模擬交通燈、斑馬線、隧道、行人天橋等都設計成迷你版，方便小童使用。

38

地圖找特色

觀塘有很多別具特色的地方，請根據以下提示在地圖上圈出正確插圖。

1 位於舊啟德機場跑道南端，可停泊兩艘大型郵輪。

2 九龍東大型商場之一，鄰近港鐵站，大部分店鋪營業至凌晨。

景點猜猜看

以下有關3個景點的描述，你們知道應配對哪幅相片嗎？請在相片旁圈出正確英文字母及寫上景點名稱（名稱可在地圖上找）。

A
- 位於開源道盡頭的碼頭。
- 提供危險品汽車渡輪服務來往北角及離島。
- 上層由駕駛學院作訓練用。

B
- 牛頭角舊型屋邨。
- 邨內停車場天台是拍照熱點。
- 像由多個淺藍色圓圈組成的時光隧道。

C
- 位於工廈內的台菜店。
- 布置成台灣課室模樣。
- 紅燒牛肉麵和魯肉便當是人氣菜式。

A B C
....

A B C
....

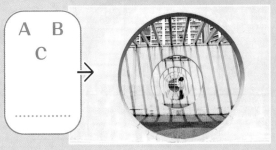

A B C
....

語文題

❶ 英文拼字遊戲

根據下列1~5提示，在本期英文小說《大偵探福爾摩斯》的生字表（Glossary）中尋找適當的詞語，以橫、直或斜的方式圈出來。

C	G	O	N	E	A	R	Y	E	D	S	L
R	E	M	O	V	E	A	B	L	Y	E	I
O	N	L	I	C	M	E	N	C	T	A	B
S	E	I	Z	E	U	L	A	S	A	S	A
I	R	R	O	C	D	M	B	I	S	H	T
C	O	I	N	C	I	D	E	N	C	E	T
U	S	A	H	S	S	E	N	O	E	L	E
S	I	C	S	N	D	S	S	T	T	L	R
I	T	A	I	M	U	N	D	A	N	E	A
M	Y	S	E	L	Y	K	I	E	L	Y	C

例 （名詞）貝殼
1. （動詞）抓着
2. （名詞）慷慨
3. （名詞）巧合
4. （形容詞）乏味的
5. （形容詞）錯誤的、不合適的

❷ 看圖組字遊戲

試依據每題的圖片或文字組合成中文單字。

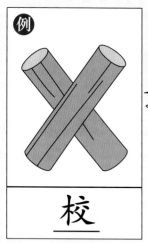

例

校

a

_____

b

_____

c

_____

推理題

❸ 站崗的位置

警衛活潑貓和問題羊要看守7間房子，每間房子之間有小路連接，究竟二人分別在哪間房子站崗，才能最快到達每一個地方呢？

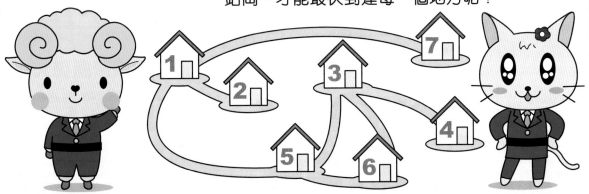

 數學題

❹ 六角形填數字

能把數字1至12填到圖中的空格上，令每條線上的數字總和都是26嗎？

數字不能重複使用啊！

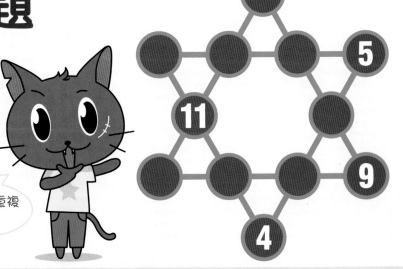

2. a.熊 b.馬 c.貓

3. 活潑貓和問題羊要分別站崗在1號和3號房子了。

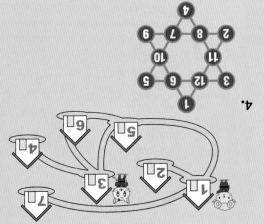

1.

C	Y	L	E	I	K	Y	L	E	S	Y	M
A	E	N	A	D	N	U	M	I	A	T	I
R	L	T	T	S	S	D	N	S	C	I	S
E	T	L	E	O	N	E	S	S	H	U	U
T	E	D	I	C	N	I	O	C	E	S	O
T	H	S	I	B	M	D	C	O	R	R	I
A	B	A	S	A	L	U	E	Z	I	E	S
B	A	T	C	N	E	M	C	I	L	N	O
I	E	Y	L	B	A	E	V	O	M	E	R
L	S	D	E	Y	R	A	N	O	G	C	C

SHERLOCK HOLMES

大偵探福爾摩斯

The Silent Mother ③

Sherlock Holmes
London's most famous private detective. He is an expert in analytical observation with a wealth of knowledge. He is also skilled in both martial arts and the violin.

Author: Lai Ho
Illustrator: Yu Yuen Wong / Lee Siu Tong
Translator: Maria Kan

Watson
Holmes's most dependable crime-investigating partner. A former military doctor, he is kind and helpful when help is needed.

Previously : Harry Stowe learnt from his dying mother that he was actually adopted from Donore Charity Children's Shelter when he was only 3 years old and his birth mother's name was Sophia. Since the children's shelter had stopped running for more than 20 years, Stowe commissioned Holmes to search for his long lost birth mother. Retaining only vague memories of his time at the children's shelter, the only thing that Stowe could remember was having tasted some distinctively unique flavoured sweets at the shelter.

The Killing at the Charity Children's Shelter

A few days later, Holmes and Watson went to the town where Donore Charity Children's Shelter was located. Just as Stowe had told them, the children's shelter was now *converted* into an elderly home. Even though the building was the same, the people from the children's shelter were long gone, so the two men were not able to gather any useful information there.

Fortunately, near the elderly home was a pub that had been around for over a hundred years. Holmes and Watson decided to go inside to see if they could find any clues.

After ordering their beers, the two men began to chat with the old barman who appeared to be over 60 years old, "Someone I know is thinking of sending his

Glossary children's shelter (名) 兒童收容所　convert(ed) (動) 改成

aging father who is suffering from **dementia** to the elderly home nearby. Do you know if it is any good? I've heard some horror stories about some elderly homes that seem perfectly fine on the outside but the service is actually really awful. Some even *abuse* the elderly residents."

"Are *ye* talking about the elderly home in this neighbourhood?" said the old barman right away. "It's not bad at all. Their employees come here for **pints** all the time. They are all "grand" people. Definitely not the sort who would abuse old folks."

"That's good to hear," said Holmes. "Do you know how long has that elderly home been running? My thinking is, the longer the history, the more reliable it is."

"It's been here for a long time now, probably over 20 years."

"Is that so? But that building looks so old to me. It must've been built over 50 years ago," said Holmes, **steering** their conversation to the real topic.

"Ye have a good eye. That **gaff** has been around for over a hundred years. It's even older than me," said the old barman. "It used to be a charity shelter for **orphans** before it became an elderly home."

"Really?" Holmes pretended to be surprised. "It was sheltering orphans and now it is sheltering the elderly. Very interesting!"

"Sure looks it," said the old barman. "But that children's shelter didn't have a good *reputation* at all. I remember the grown-ups telling me when I was a small boy that the shelter took in many unmarried **pregnant** women. After these women gave birth, the shelter would sell their children to wealthy families that couldn't have children of their own."

"Oh my Lord! Did that really happen?" Holmes and Watson were both taken aback.

"It did happen, but there was more to the story." Seeing the surprised expressions on the two men's faces, the old barman became more animated as he spoke, "In order to get a better price, the children's shelter came up with a cunning system where they would make the single mothers work at the shelter and take care of their own babies as payment for giving birth and staying at the shelter. Once the babies became dotey and chubby toddlers, the shelter would put them up for adoption. It might seem like the shelter was helping the children to find a better home, but the shelter was actually making heaps of money from selling the children."

"Very cunning indeed," said Holmes. "The birth mothers would certainly give the best tender loving care to their own babies. This way, the shelter could ensure a higher infant survival rate."

"But I think it's too cruel," sighed the old barman. "It probably would've been better for the single mothers if their babies were taken away as soon as they were born. Nursing the baby for two, three years would only bring her closer to her baby. It must've been awfully miserable for those mothers to see their children taken away after that."

"Indeed. A strong bond is established between a mother and her baby during the early years of feeding and caring. Separating from her child after the bond has been established is as painful as ripping a piece of her from her body," explained Watson, assuming the tone of a doctor. "The shelter's practice sounds far too inhumane."

"I couldn't agree more." At that moment, the old barman suddenly lowered his voice and whispered in the two men's ears, "Maybe that's why a killing happened over there."

Glossary   animated (形) 生動、繪影繪聲   cunning (形) 狡猾的、奸詐的   dotey (形) (愛爾蘭俚語) 可愛、趣致
chubby (形) 胖胖的   toddler(s) (名) 剛學會走路的小童   heap(s) (名) 大量、極多   tender loving care (片語) 體貼入微的照顧
miserable (形) 痛苦的   bond (名) 連繫   rip(ping) (動) 撕掉   inhumane (形) 不人道的、殘忍的

"What?" Both Holmes and Watson were utterly astonished upon hearing those words.

"The victim was none other than the director of the children's shelter," whispered the old barman in an even lower voice. "Allegedly, she was beaten by a hard object and died."

Was the killer caught?

"The killer was never caught," said the old barman with certainty. "It was such a sensational case at that time! I was only 12 years old when it happened but I still remember it like it was yesterday."

"Do you remember which year was the killing?" asked Holmes.

Of course! I can even remember the exact date. Since my birthday was the day after the killing, it's impossible to forget the date!

And that date would be…

"10th of August, 1839."

"What?"

"10th of August, 1839," repeated the old barman, thinking that the two men did not

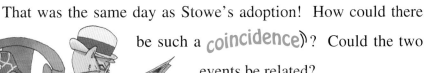

hear him clearly the first time.

That was the same day as Stowe's adoption! How could there be such a coincidence? Could the two events be related?

After thanking the old barman, the two men left the pub and immediately headed to the local library to search for old newspapers of that year. The old barman's memory had certainly served him well. Articles about the killing appeared on newspapers dated 11th and 12th of August, 1839. The articles were written as such:

Homicide at the Children's Shelter

(11th of August) A brutal killing happened yesterday at Donore Charity Children's Shelter. The shelter's director, Mrs. Eva Miller (aged 50) was found dead in the shelter's kitchen. Initial inspections by the police indicated that Mrs. Miller's head and face were beaten multiple times with a hard object, causing a severely fractured skull and brain haemorrhage, which eventually led to her death. Furthermore, a kitchen maid named Sophia Finney was also battered with a hard object and was found unconscious on the floor near the backdoor of the kitchen. Miss Finney's life was saved after she was rushed to the hospital for emergency care.

Since £50 worth of valuables has gone missing from the children's shelter, the police are now suspecting that the burglar must have entered the shelter through the kitchen's backdoor then tried to leave via the same route after taking the valuables.

The burglar had probably run into Director Miller and kitchen maid Sophia on his way out, thus attacking the two women in a panic, resulting in this tragedy of one dead and one injured.

(12th of August)   Sophia Finney, the kitchen maid who was found unconscious on the floor in Donore Charity Children's Shelter on the day of the killing, has finally woken up in the hospital. She confirms with the police that someone had slipped through the backdoor and attacked her, upon which

---

Glossary coincidence (名) 巧合   brutal (形) 殘酷的、粗暴的   inspection(s) (名) 巡查、檢查   multiple (形) 多次   fractured (形) 破裂   haemorrhage (名) 出血   batter(ed) (動) 重擊   tragedy (名) 悲劇

she fainted after feeling a sharp pain at the back of her head. By the time she woke up, she was already in the hospital's bed. The attack happened so quickly that Miss Finney did not see the face of her attacker, nor did she know what kind of object her attacker had used to hit her with.

Furthermore, Miss Finney says she is unaware that Director Eva Miller has died from the attack. The police believe that the burglar had probably killed Director Miller first, and when he was about to make his escape, he saw Miss Finney walking into the kitchen, so he hid behind the backdoor and attacked her. He then fled the scene when Miss Finney fell down onto the ground.

The victim was a short woman who was only 5 feet 2 inches in height. From the wounds on the top of her head, the police speculate that the killer's height must be at least 5 feet 6 inches. Also,

from the severity of victim's fractured skull, the police believe the killer is likely to be a physically strong male who used a dull object made of metal or wood as his weapon. The police will pursue after the fleeing killer of the above description.

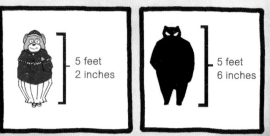

5 feet 2 inches

5 feet 6 inches

"That kitchen maid's name was Sophia? She must be Stowe's birth mother!" said Watson excitedly.

"Hmmm…" pondered Holmes as a frosty glint shimmered in his eye. "Perhaps the case that we've been asked to investigate isn't just a missing person case but also a murder that happened 49 years ago!"

"Why do you say that? You want to look into the murder from 49 years ago too?" asked Watson.

"It's not whether I want to or not. It's something that we must do," replied Holmes. "Stowe was adopted on the same day as the murder, and his birth mother shares the same name as the kitchen maid who was attacked and injured in the incident. How could there be such a coincidence?"

Don't tell me…that you think Stowe's adoption is connected to the murder?" gasped Watson.

"I can't say for sure right now," said Holmes as the expression on his face darkened. "But I do have an uneasy feeling that the two events are connected somehow."

Glossary speculate (動) 猜測、推斷 severity (名) 嚴重程度 dull (形) 鈍的 fleeing (形) 在逃的
frosty (形) 冰冷的 shimmer(ed) (動) 閃爍 injure(d) (動) 受傷 incident (名) 事件 uneasy (形) 不安的

Although Watson was not sure about the connection, he could also sense an **unsettling** *scent* of blood after reading those two newspaper articles.

"It's incredible how these old newspapers are providing us with such important clues," said Watson as he began to flip through the old newspapers again.

"Stop!" Holmes suddenly pressed down on Watson's hand and stared at the page that Watson was holding. "I see another article related to Donore Charity Children's Shelter."

Watson spotted the article too and began to read it quickly. The article was written as such…

The Earl and the Maldives

(7th of August) Lord George Allen, our town's famous *philanthropist* and **adventurer**, has finally returned home from his half-year *expedition* to several countries including India, Sri Lanka and the **Maldives**. According to Lord Allen, the Maldives has left the most *indelible* impression on him this time. The Maldives is a chain of scenic **atolls** located within the Indian Ocean's **nautical** route and it has long been coveted by many European countries.

Lord Allen with the director, assistant director and the children of Donore Charity Children's Shelter

With its rich blessings of seafood and marine products, it is only a matter of time that the Maldives becomes a popular holiday destination for the Europeans. This is why Lord Allen believes that the British government should **seize** the opportunity and use India as a **springboard** to include the Maldives in the Great British Empire.

After taking a few days of rest, Lord Allen has paid a visit yesterday to Donore Charity Children's Shelter, a facility that provides shelter and support for orphans. The kind-hearted **earl** has not only donated a large sum of money to the shelter for its expansion but

Glossary unsettling (形) 令人不安的　　scent (名) 氣味　　philanthropist (名) 慈善家　　adventurer (名) 冒險家　　expedition (名) 遠征、探險　　Maldives (地名) 馬爾代夫　　indelible (形) 難忘的、印象深刻的　atoll(s) (名) 環礁、珊瑚島　nautical (形) 航海的　　seize (動) 抓着　springboard (名) 跳板　earl (名) 伯爵

has also brought with him various local products from the Maldives as souvenirs for the shelter's children and staff members. Everyone at the shelter was deeply touched by his heartfelt *generosity*.

"Mr. Stowe could be one of these children here," said Watson as he pointed at the photograph in the newspaper.

"Yes," said Holmes. "Too bad there are only three adults in the photo, none of which is Sophia."

"Even if she were in the photo, it probably won't be useful to us anyway," said Watson. "It's unlikely that we will be able to find her with a photo from 49 years ago."

"I'm not disappointed because the photo isn't useful in finding Sophia," said Holmes. "I was just thinking that if Sophia's face was also included in the photo, we could at least show it to Stowe, to soothe his yearning to reunite with his birth mother."

"Oh, I see," said the impressed Watson. Our great detective was not only focused on the investigation but also considerate to his client's feelings. Holmes was probably thinking that even if he could not locate Sophia in the end, finding a photo of her would at least bring some sort of *consolation* to Stowe.

Making sure that no minor detail had gone **amiss**, Holmes and Watson spent the entire night flipping through all of the old newspapers dated three years before and after the killing. It was already 9 o'clock the next morning by the time they were finished with the pile of newspapers. Unfortunately, they did not come across anything significant.

"*Good grief!* I am knackered," yawned Watson as he stretched his arms. "Reading so many newspapers in one night is so exhausting."

"Investigation isn't always about exciting and dangerous **pursuits**," said Holmes lightly. "You must also sit through such **mundane** work sometimes."

"So we've gone through all the newspapers. What's next?" asked Watson.

"Let's send a telegram to Gorilla and Fox and ask them to notify the local police station that we will be borrowing the old case files of the killing."

"Are you serious? We just finished reading piles of newspapers from decades ago. Now you want to read case files from decades ago?" Watson almost collapsed out of sheer surprise and utter exhaustion.

"Now you understand that being a private detective is no easy job," chuckled Holmes as he gave Watson's shoulder a light pat. "Why don't you go send the telegram to Gorilla and Fox? I have some other business to take care of. Let's meet at the police station at around 2 o'clock in the afternoon."

"What other business?" asked the curious Watson.

"I want to look for the **descendants** of that philanthropist, Lord Allen, and see what information I can gather from them."

"That earl had only visited the children's shelter once. It's not likely that you'll find anything."

"You may be right. The chances of finding any useful information are slim, but it's better than just sitting around and waiting for a **miracle** to happen. Since we're here already, I might as well test my luck." Holmes walked off after saying those words.

Watching our great detective leave in a hurry, Watson could not help but once

Glossary Good grief (感嘆) 天啊　knackered (形) 筋疲力盡　pursuit(s) (名) 追蹤　mundane (形) 乏味的
descendant(s) (名) 後代、子孫　miracle (名) 奇蹟

51

again admire Holmes's *perseverance* and **dedication**. Holmes was the kind of man who would never pass the chance to explore a lead as long as there was still a glimmer of hope.

On that thought, the tired Watson pulled himself together and rushed to the town's post office to send the telegram.

At around 2 o'clock in the afternoon, Watson was already standing in front of the police station when he saw Holmes running towards him.

"Were you able to find the earl's descendants?" asked Watson.

"Yes. His son has died already, but I found his grandson," said Holmes. "Unfortunately, he knows nothing about the children's shelter."

"Sorry to hear your effort was for nothing."

"Well, at least I tried," said Holmes. "But I did learn something interesting. The earl's grandson had just returned from the Maldives. He told me that his grandfather was well connected with the people there and his family has been importing goods from the Maldives for the past few decades. The grandson has now **inherited** the family business."

"That does sound interesting."

"He even showed me around his trading company. I saw many soaps and candles made from coconut oil. There were also bowls and *utensils* made out of coconut shells, various arts and crafts made out of **seashells**, and this dried fish product made with skipjack tuna. They were all very fascinating," said the *intrigued* Holmes. "He even gave me a bag of souvenirs from the Maldives before I left," said

Glossary perseverance (名) 毅力　dedication (名) 決心　inherit(ed) (動) 繼承　utensil(s) (名) 用具
seashell(s) (名) 貝殼　skipjack tuna (名) 鰹魚　intrigued (形) 好奇的

the delighted Holmes as he held up a paper bag to show Watson.

"Holmes, you are amazing. You dropped in unannounced on the earl's grandson and disturbed his day, but instead of getting thrown out of his house, you were offered a bag of gifts. Seems like you and the earl's grandson have *hit it off* *swimmingly*," said Watson lightly.

"We can talk about that later. Let's go inside the police station now and see if they would let us read those old case files of the killing."

After stating the purpose of their visit at the front counter of the police station, a young police officer came out to greet Holmes and Watson, "We've received a telegram from Scotland Yard at around noon today. I've been waiting for you. But I'm sorry to inform you that there was a fire over 10 years ago and all the old case files were burnt to ashes."

"All burnt to ashes?" Holmes and Watson could not hide their disappointment upon learning this news.

"Fortunately though, a retired police officer lives near here. I've already asked him about the case in question as soon as I received the telegram," added the young police officer. "He told me that the officers who were assigned to the case at the time were two men named Neve and Daniel. Neve had passed away many years ago but Daniel is still alive. This is his address." The young police officer handed a note to Holmes.

Next time on **Sherlock Holmes** — Holmes pays a visit to Daniel.
Will his interview with the retired police detective point to new leads?

近日肺炎肆虐，大家都要好好保重身體和注意衛生啊！緊記要保持個人清潔，出入公眾場所要戴上口罩及勤洗手，如果身體稍有不適也要及早求醫啊！謹祝各位身心安康！

《兒童的學習》編輯部

讀者意見區　希望刊登♡
那個神甫是誰？　李泳蓓
9分
煇巴→　我設計拍巴～　請評分：(0-10

看過今期，相信你已經知道那個神甫就是唐泰斯了，他誘使裁縫鼠到阿姆斯特丹，以進行他的復仇大計。

當然可以！你喜歡今期的米線套餐嗎？只要肯下廚，你也可以做到餐廳的水準啊！不但容易，而且成本也比較低呢！

讀者意見區
下一期也可以有這樣味的簡易小廚神集嗎？Please...！今期的新年糕點很好吃!!美
廖子瑩

插圖畫廊

2020
新年快樂
何智靈

希望刊登　讀者意見區
今其脹森巴很好看！希
鄧子謙

讀者意見區
這個很好笑
侯鳴峰

(希望刊登)　讀者意見區
雖然森巴很好笑。
嚴啓允

讀者意見區　希望刊登！
黃宏宏
兒童的學習加油！

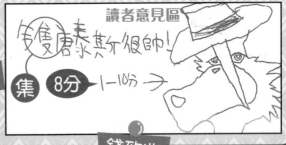

讀者意見區
反使唐泳其很帥！
集　8分　1-10分→
錢致兆

教授蛋答問區

Q1 **甚麼是粟粉？**
又名「玉米粉」，是粟米的澱粉，比生粉幼滑，用以製作糕點可起凝固作用，醃肉幫助軟化肉質。而生粉（台灣稱「太白粉」）則是馬鈴薯澱粉，加水後質感較黏稠，主要作勾芡之用。

提問者：吳沂霖

如果大家有任何疑問，也可寫在問卷上寄回來，讓教授蛋解答。

Adventure Under
The Sea!! (Part 7)

ARTIST: KEUNG CHI KIT   CONCEPT: RIGHTMAN CREATIVE TEAM

收手吧，凱曼將軍！

我是來拿回人魚之國的!!

父皇！我回來救你了!!

露娜!!

Humph !!

Princess, I didn't expect you to be here!

General Cayman, return the crown to me!!

哼!!

公主，沒想到你會在這裏出現！

凱曼將軍，把皇冠還給我!!

Alright, here you go! It means nothing to me anyway!

好，還給你吧！反正這對我來說已沒有意義！

SWIFT

As the new king I will finish you now!!

嗖—

就由我這位新任國王親自解決你吧!!

Just bring it on!! I've already found the warrior who will save the Mermaid Kingdom!

放馬過來吧！我已經找到拯救人魚之國的勇者了！

What !?

甚麼!?

他就是森巴!!

咦?他在哪?

嗨長頸魚　哇!!你對我的皇冠做甚麼~~~

原來你就是勇者?　怎樣看你也只是一條笨魚!

咬　哇~~~~

好硬

Go away!

伏一

走開!

Samba !!

噗！　森巴!!

Outrageous!!

How dare you stain my most valuable weapon under the sea!

豈有此理!!　　　　竟敢弄髒我這海底最強的武器！

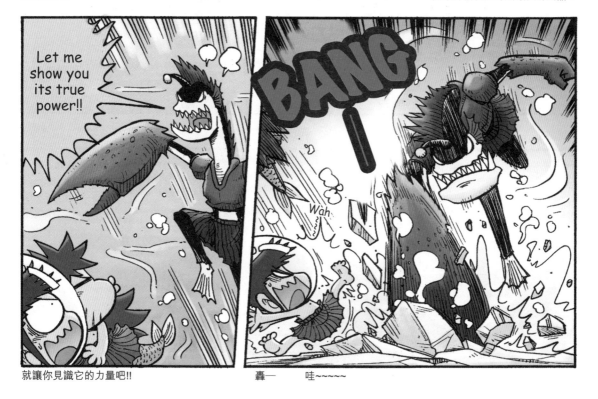

Let me show you its true power!!

BANG

Wah

就讓你見識它的力量吧!!　　轟一　哇~~~~~

噗— 呀！

嘿~~

粉碎—

呀~~~~

嘿嘿嘿~~~

這是巨型螃蟹的鉗，

整個海底沒有東西比它更硬!!

夾一

呀~~~~

嘿嘿嘿~~~~

呼—— 森巴！

它的力量甚至
能擊敗鯨魚!!

即使你再強壯,
也不是它的對手!!

認輸吧!!

呀~~ 森巴!!

到你們了!!

嘿!!

蓬一　　呀~

伏——

凱曼將軍變得瘋狂起來！
我們要用其他方法去對付他！

只有一個方法……

啊，父皇!?你的
意思是……

Tie them all up!

把他們全部捆起來！

Under my rule, no one will go against me!

You are going to spend the rest of your lives in prison!

在我的統治下，沒有人能反抗我！

你們就在監獄裏度過餘生吧！

Alright, today's ceremony ends here, I'm going back to the palace to take a rest.

好，今天的儀式到此為止，我先回寢宮休息一會。

Wah~~ Why did the water suddenly turn so black?

I can't see anything!

哇~~~~為甚麼海水會突然變黑？

我甚麼都看不到！

Ahhh~~~

Eh? What happened? Why is there so much ink?

呀~~~

咦？發生甚麼事？這麼多墨汁的？

Kang! Quickly leave this place with Samba!

It's the princess's voice!

小剛！快和森巴離開這裏！

是公主的聲音！

63

跟我父皇走吧！　　　她在那裏！　我會引開他們！　　露娜！

哇~~~~ 別過來啊！

露娜，我不會
留下你自己走的！

不，你們走吧！　　記得要回來
　　　　　　　　救我啊！

露娜……

國皇，抓到　　　呀!!　　是她弄得海中　快抓起其他人！
公主了！　　　　　　都是墨汁！

小剛，跟我來！一旦墨汁散開，　國皇！
他們就會發現我們了！

This way!

這邊走！

Luna, you must wait for me!

露娜，你要等我啊！

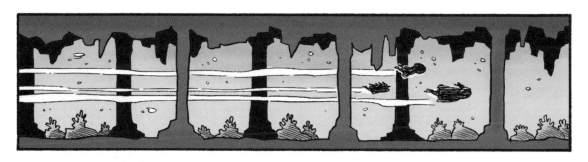

King, where are you taking us to?

To find the only weapon that can defeat General Cayman.

國皇，你要帶我們去哪裏？　去找唯一能對付凱曼將軍的武器。

The sword in the stone!!

Sword!?

Huh

石中神劍!!　神劍!?　啊

That's a mysterious sword which has been kept palace. It is said to have been left by a warrior from the land.

The sword was stuck in a magical stone, and no mermaid could ever pull it out.

Legend has it that the sword's power is able to defeat anything under the sea,

But only a special warrior can pull it out...

那是一直放在皇宮某地方的神秘之劍。
傳說是地上一位戰神遺下的。

這把劍插在一塊大石上，
一直沒有人魚能將它拔出來。

傳說這把劍的威力足以
打敗海底世界的一切，

可是只有一位勇者
能把它拔出來……

Ho

So that warrior is Samba?

That's right, with the help of the sword in the stone, Samba will definitely be able to defeat General Cayman!

呵

那位勇者就是森巴？

沒錯，如果有石中神劍幫忙，
森巴一定能打敗凱曼將軍！

Only the Royal family knew of the secret passage.

PA—

這是只有皇族
才知道的秘道。

啪—

CLACK

砰—

我們到了，那就是石中神劍！

就是它!?　　　　　沒錯！

好　森巴，快把它拔出來！

咿~~~~~

噗—

好 難 啊　　　　　　　咦？怎會這樣的？　　　可能森巴太累了，不如
　　　　　　　　　　　　　　　　　　　　　　休息一下再試試吧。

10 minutes later...

Arrrrr~~~

10分鐘後……

BITE~~~~~

咬~~~

Samba, you can do it!

......

森巴,加油啊!

POOO POOO

Ahhh~~~~~

呸呸~~~

呀~~~~~

Samba! How could you do your private business in such a sacred place!!

Puff ~~~~

It feels good

Errrr~~~~

森巴！你怎能在這個神聖的地方大便!! 嗄~~~~ 很舒服 呼~~~~

PA

PA

噗~~ 噗~~~

Huh? His fish tail is gone!

Could it be that the effect of Phelps flesh is fading!?

Wah~~ Samba can't breathe! Please save him!

咦？他的魚尾消失了！

難道是菲比斯肉的效果在消退？

哇~~ 森巴無法呼吸！快救他啊！

PHEW~~~~~

It's so close...

Ha~~~~~

Samba couldn't pull out the sword, so perhaps he's not the one that we're looking for...

呼~~~~

哈~~~~~

幸好…… 森巴無法拔出神劍，可能他不是我們要找的勇者……

Hehe~~ Looks like you found the wrong one!

Ah?

General Cayman!?

嘿嘿~~看來你找錯人了！

啊？

凱曼將軍!?

71

Cayman! How did you find this place!?

This place is only known by the Royal family!

凱曼！你怎樣找到這裏的？

這地方只有皇族才知道！

Hehehe, someone led the way for me.

嘿嘿嘿，有人給我帶路啊。

Ahh!!

啊!!

Luna !?

Luna betrayed Kang and Samba and even her father!? Please stay tuned for the last chapter!

To be continued...

露娜!?

露娜竟然出賣小剛、森巴，還有自己的父親!?
密切留意最終回！

待續……

兒童的學習 NO.49

香港柴灣祥利街9號
祥利工業大廈**2**樓**A**室
兒童的學習編輯部收

請貼上
$2.0郵票

2020-3-15　▼請沿虛線向內摺。

請在空格內「✔」出你的選擇。

問卷

有關今期內容

Q1：你喜歡今期主題「解構發電廠」嗎？

01 □ 非常喜歡　　02 □ 喜歡　　03 □ 一般　　04 □ 不喜歡　　05 □ 非常不喜歡

Q2：你喜歡小說《大偵探福爾摩斯──M博士外傳》嗎？

06 □ 非常喜歡　　07 □ 喜歡　　08 □ 一般　　09 □ 不喜歡　　10 □ 非常不喜歡

Q3：你覺得SHERLOCK HOLMES的內容艱深嗎？

11 □ 很艱深　　12 □ 頗深　　13 □ 一般　　14 □ 簡單　　15 □ 非常簡單

Q4：你有跟着下列專欄做作品或遊覽嗎？

16 □ 巧手工坊　　17 □ 簡易小廚神　　18 □ 玩樂地圖　　19 □ 沒有製作或遊覽

讀者意見區

快樂大獎賞：
我選擇 (A-I)

只要填妥問卷寄回來，
就可以參加抽獎了！

感謝您寶貴的意見。

請沿實線剪下

請沿實線剪下

讀者資料

姓名：	男／女	年齡：	班級：

就讀學校：

聯絡地址：

電郵：	聯絡電話：

你是否同意，本公司將你上述個人資料，只限用作傳送《兒童的學習》及本公司其他書刊資料給你？（請刪去不適用者）

同意／不同意　簽署：_____　日期：_____年____月____日

讀者意見收集站

A 學習專輯：解構發電廠
B 巧手工坊：自組迷你風力發電機
C 大偵探福爾摩斯——
　　M博士外傳⑥神秘驗屍官
D 快樂大獎賞
E 成語小遊戲
F 簡易小廚神：雲南米線套餐
G 玩樂地圖：觀塘

H 知識小遊戲
I SHERLOCK HOLMES：
　　The Silent Mother③
J 讀者信箱
K SAMBA FAMILY：
　　Adventure Under the Sea!!
　　(Part 7)

Q5. 你最喜愛的專欄：　　　　　　　　　　　　　　＊請以英文代號回答**Q5**至**Q7**

第 1 位 20_____　第 2 位 21_____　第 3 位 22_____

Q6. 你最不感興趣的專欄：23_____原因：24_____

Q7. 你最看不明白的專欄：25_____不明白之處：26_____

Q8. 你覺得今期的內容豐富嗎？

27☐很豐富　　28☐豐富　　29☐一般　　30☐不豐富

Q9. 你從何處獲得今期《兒童的學習》？

31☐訂閱　　32☐書店　　33☐報攤　　34☐OK便利店
35☐7-Eleven　　36☐親友贈閱　　37☐其他：_____

Q10. 停課期間你們有甚麼活動？（可選多項）

38☐網上學習　　39☐做功課　　40☐看電視　　41☐看漫畫
42☐看小説　　43☐做運動　　44☐玩遊戲機
45☐跟同學或朋友於通訊軟件聊天　　46☐協助清潔家居　　47☐在家煮食
48☐郊遊　　49☐做《兒童的學習》裏的遊戲或小手工
50☐其他：_____

Q11. 你還會購買下一期的《兒童的學習》嗎？

51☐會　　52☐不會，原因：_____